Sitzungsberichte
der Akademie der Wissenschaften
der DDR
Mathematik – Naturwissenschaften – Technik

5 N

1986

Herbert Hörz

Philosophie und Ökologie

AKADEMIE-VERLAG BERLIN

Sitzungsberichte
der Akademie der Wissenschaften
der DDR
Mathematik -- Naturwissenschaften – Technik

Jahrgang 1986 · Nr. 5 N

Herbert Hörz

Philosophie und Ökologie

AKADEMIE-VERLAG BERLIN
1986

Vorträge der Abschlußsitzung der Klasse
Umweltschutz und Umweltgestaltung der
Akademie der Wissenschaften der DDR
am 17. Januar 1985

Herausgegeben im Auftrage
des Präsidenten der Akademie
der Wissenschaften der DDR
von Vizepräsident Prof. Dr. Heinz Stiller

ISBN 3-05-500013-7
ISSN 0138-3965
Erschienen im Akademie-Verlag Berlin, DDR-1086 Berlin, Leipziger Str. 3–4

Lizenznummer: 202 · 100/211/86
Printed in the German Democratic Republic
Gesamtherstellung: VEB Druckhaus Köthen
LSV 0155
Bestellnummer: 7636284 (2010/86/5/N)
M 00400

Inhalt

Herbert Hörz, Ordentliches Mitglied der Akademie der Wissenschaften der DDR

Philosophie und Ökologie 5

Werner Scheler, Präsident der Akademie der Wissenschaften der DDR, Ordentliches Mitglied der Akademie der Wissenschaften der DDR

Abschlußbemerkungen 25

Edgar Lehmann, Ordentliches Mitglied der Akademie der Wissenschaften der DDR und Vorsitzender der Klasse Umweltschutz und Umweltgestaltung

Bemerkungen zum Vortrag von Herbert Hörz 28

Herbert Hörz

Philosophie und Ökologie

Wenn der Philosoph über Ökologie redet, dann könnte man meinen, er habe es leichter als der Ökologe, weil dieser die spezifischen Probleme, die sich aus den Wechselbeziehungen der Organismen untereinander und mit ihrer Umwelt in den Lebensräumen im Festland, Binnengewässer und Meer ergeben lösen müsse, während jener auf die Kenntnis der Spezialisten verweisen könne. Aber das hieße die Rolle der Philosophie als Weltanschauungstheorie zu verkennen. Der Ökologe kann berechtigt manches Gerede über die katastrophale Naturzerstörung durch Wissenschaft und Technik, die den Menschen zum Untergang verurteile, als unseriös und unwissenschaftlich abtun, das der Philosoph jedoch berücksichtigen muß, wenn es weltanschaulich relevant ist. Das ist dann der Fall, wenn es sich um gesellschaftlich einflußreiche Positionen zum Sinn der Umweltgestaltung, also zu gesellschaftlichen Werten handelt.

Gesellschaftliche Werte sind Bedeutungsrelationen von Sachverhalten für den Menschen, die Nützlichkeit, Sittlichkeit und Schönheit umfassen. Weltanschaulich bedeutsam sind deshalb Auffassungen zur Umweltverschmutzung als globale Bedrohung der Menschheit, zur Rolle des wissenschaftlich-technischen für den gesellschaftlichen Fortschritt, zu den Beziehungen von Effektivität und Humanität im Sozialismus und Kapitalismus und zum Sinn wissenschaftlicher Arbeit in der Gegenwart. Nach marxistischer Erkenntnis wird die Theorie dann zur materiellen Gewalt, wenn sie die Massen ergreift. Das gilt aber nicht nur für wahre, in der Praxis überprüfte Theorien, sondern auch für einseitige weltanschauliche Haltungen. Das zeigen überzogene Forderungen von „Naturschützern" in der BRD, die sich gegen Spitzentechnologien überhaupt und nicht gegen ihre gesellschaftlich determinierte antihumane Nutzung im Profitinteresse wenden. Auch im Sozialismus ist es wichtig, ökologische Sachkenntnis in weltanschaulichen Auseinandersetzungen um das Mensch-Natur-Verhältnis einzubringen.

Es ist ein zu lösendes philosophisches Problem, wie im gesellschaftlichen Bewußtsein, in Entscheidungsgremien und in der individuellen Weltanschauung die ökologischen Erkenntnisse zu weltanschaulichen Einsichten so verdichtet werden können, daß ein verantwortungsvolles strategisches Herangehen an die Gestaltung einer menschenfreundlichen natürlichen Umwelt unter sozialistischen Bedingungen gewährleistet wird und die Ursachen für antihumane Lösungen der Umweltprobleme aufgedeckt werden, um zu fundierten Programmen für ökologische Bewegungen zu kommen.[1] Das Verhältnis von Philosophie und Ökologie betrifft also keineswegs nur erkenntnistheoretische und methodologische Probleme der ökologischen Forschung.

1. Umwelt als weltanschauliches Problem

Der Zeitgeist hat sich des Umweltproblems bemächtigt. Das gilt seit den 70er Jahren für alle seine Erscheinungsformen, nämlich für das Massenbewußtsein, für das Problembewußtsein von Wissenschaftlern und für die philosophische Diskussion um das Verhältnis des Menschen zur Natur. Daraus entstehen verschiedene Ebenen der weltanschaulichen Auseinandersetzung. Sie reichen von der Debatte um die Umweltpolitik im Sozialismus und Kapitalismus bis zur Verantwortung für die humane Lösung globaler Probleme.

In der DDR ist die Gewährleistung von Landschaftsgestaltung und Landschaftspflege schon Grundsatz der Verfassung der DDR vom 7. Oktober 1949 gewesen. In den sozialistischen Ländern wird auf den engen Zusammenhang von Friedenserhaltung und Umweltgestaltung verwiesen. Effektivitätssteigerung ist auch für die Ökologie das Mittel zur Humanitätserweiterung, zur Lösung ökologischer Probleme. In kapitalistischen Ländern haben politische Bewegungen mit der Losung „Naturschutz und Demokratie" sich kritisch mit imperialistischen Gesellschafts- und Wissenschaftsprogrammen auseinanderzusetzen begonnen. „Den spektakulärsten Nachweis für ein geändertes öffentliches Bewußtsein und gleichzeitig für den durch das eklatante Fehlverhalten der Verantwortlichen erzeugten Vertrauensschwund der Bürger gegenüber Wirtschaft und staatlichen Institutionen – und auch gegenüber den Parteien – gab das Phänomen der Bürgerinitiative in Deutschland: Viele hunderttausend Menschen eines Volkes, das traditionsgemäß eher autoritätsgläubig und selbständiger Urteile ungewohnt ist, organisieren sich spontan in vielen Orten des Landes, um ihre Lebenswelt zu schützen, ein unerhörter Vorgang, der seit rund zehn Jahren anhält."[2] Tatsächlich haben diese Bewegungen in der BRD, so differenziert ihre weltanschaulichen Haltungen und politischen Positionen auch sind, gesellschaftlichen Einfluß erhalten. Die Gründe dafür sind sicher verschiedener Art. Sie betreffen direkt oder indirekt die Auseinandersetzung mit den Auswirkungen der allgemeinen Krise des Imperialismus auf die Umwelt, die sich in der imperialistischen Entgegensetzung von Ökonomie und Ökologie zeigt. Gesucht wird nach konstruktiven humanen Lösungen globaler und regionaler Probleme, um die Gestaltung einer menschenfreundlichen natürlichen Umwelt zu gewährleisten. Dabei werden die gesellschaftlichen Determinanten des Problems nicht immer erkannt.

Manchmal wird man in der philosophischen Diskussion um die Ökologie an die Bemerkung von LICHTENBERG erinnert: „Die Menschen schreiben viel über das Wesen der Materie. Ich wünschte, daß die Materie einmal anfinge, über das menschliche Gemüt zu schreiben. Es würde herauskommen, daß wir einander bisher gar nicht recht verstanden haben."[3] Es fällt nicht leicht, aus der umfangreichen Umweltdebatte die Probleme herauszugreifen, deren Lösung Philosophie und Ökologie befruchten könnte. Sicher ist dafür nicht nur ein unserer Entwicklung angemessenes Naturverständnis wichtig, sondern auch eine Analyse wesentlicher Tendenzen in der Ökologiediskussion. Es wird durch Emotionalisierung nicht selten erschwert.

Es erscheint manchmal in kapitalistischen Ländern so, als ob die politische Diskussion um die gesellschaftlichen Beziehungen der Menschen zueinander durch eine philosophische Diskussion über die antihumane Naturgestaltung durch den Menschen abgelöst würde. In entsprechenden Auseinandersetzungen werden „Naturfreunde" und „Naturfeinde", Befürworter und Gegner der Ökologie, Naturschützer und Naturzerstörer unterschieden. Aber der Schein trügt. „Umweltbewußtsein ist zum Augenöffner oder auch Katalysator für alle Schwachstellen, Brüche und Risse in unserer Industriekultur geworden. Eine neue Empfindsamkeit gegenüber Mitmensch und Natur ist moralischer Gradmesser für Gesprächsbereitschaft und Offenheit der Politik gegenüber Zukunftsproblemen geworden."[4] Wie in einem Fokus treffen sich in der Umweltproblematik die verschiedensten weltanschaulichen Positionen zu den Grundproblemen unserer Zeit. Engagierte Friedenskämpfer verlangen berechtigt die Sicherung des Friedens als Grundbedingung zur Lösung ökologischer Probleme. Gegenwärtige Naturgestaltung soll der humanen Verantwortung für zukünftige Generationen gerecht werden.

Die konstruktive Lösung philosophischer Probleme der Ökologie könnte durch zwei Tendenzen behindert werden, die in den Debatten um die Umwelt als weltanschauliches Problem zu bemerken sind. Die erste löst die Umwelt in ihre spezifischen Bestandteile der verschiedensten Art wie biotische und abiotische Faktoren, Beziehungen von Organismen und Lebensgemeinschaften, Wasser, Luft und Festland, Wald und Wüste, Bodenfruchtbarkeit und Emissionen auf. Daraus kann die Gefahr der Zersplitterung dann entstehen, wenn die Analyse von Wesensmomenten in den Umweltbeziehungen nicht zur Synthese in der Ökologie geführt wird, um globale oder regionale Systeme in ihren ökologischen Gesetzen zu erkennen und diese Erkenntnis zur Grundlage sachkundiger Entscheidungen zu machen. Die zweite Tendenz besteht in der Politisierung der Umweltdebatte, die im Extrem zur Kritik an jedem Umwelteingriff, zur emotionalisierten Wissenschaftsfeindlichkeit und zur Behauptung von der prinzipiellen Entgegensetzung von Effektivität und Humanität in der wissenschaftlich-technischen Revolution führt. Als Ursache der Umweltzerstörung werden dabei nicht die imperialistische Profitproduktion und das Erbe des Kolonialismus, der Raubbau an der Natur in der antagonistischen Klassengesellschaft erkannt, sondern der wissenschaftlich-technische Fortschritt erscheint als Grund der Umweltschäden. Dieser Tendenz kann nur Sachlichkeit entgegengesetzt werden.

Durch spezifische Forschung und ihre ökologische Synthese kann eine wichtige Voraussetzung dafür geschaffen werden, die weltanschauliche Klarheit über die prinzipiell unterschiedliche Umweltpolitik von Sozialismus und Kapitalismus zu vertiefen. Prinzipiell steht der sozialistischen Gestaltung einer menschenfreundlichen Umwelt die auf Raubbau an der Natur orientierte Profitpolitik des Imperialismus entgegen. Hinzu kommt, daß die Entwicklungsländer zur Lösung ihrer Umweltprobleme kostengünstige Verfahren brauchen, die der natürlichen und kulturellen Spezifik des Landes entsprechen. Die konstruktive Lösung der durch die gegenwärtigen Bedingungen entstandenen Probleme im Mensch-Natur-Verhältnis ist eingeordnet in die humane Lösung globaler Probleme: Freiheitsgewinn der Persönlichkeit durch gesellschaftlichen Fortschritt im Frieden zu erreichen.

2. Das Umweltsyndrom und seine philosophische Analyse

2.1. Zur Entstehung des Umweltsyndroms

Umweltprobleme haben den Menschen immer beschäftigt. Sie drangen vor allem in sein Bewußtsein, wenn sich Möglichkeiten der Lösung abzeichneten. Seit dem Beginn des 14. Jahrhunderts spricht man von der Luftverschmutzung als einem sozialen Problem. Aber auch über die Verschmutzung der Bodenumwelt wurde geklagt sowie über die größere Sterberate in den Städten. Wissenschaftlich-technische Neuerungen wurden mit dem Argument kritisiert, es würden nicht wiedergutzumachende Umweltschäden angerichtet. So mußte sich im 16. Jahrhundert G. Agricola mit dem Argument auseinandersetzen, daß das Schürfen nach Erzen zur Vernichtung von Wäldern, Feldern und Tieren führe, die Flüsse vergifte und die Fische töte.[5]

Einen Höhepunkt erreichte die Auseinandersetzung um die Rolle der Wissenschaften im 18. Jahrhundert in Frankreich. 1750 wurde von der Akademie zu Dijon die Abhandlung von J.-J. Rousseau, die sich mit der Frage beschäftigte: Hat das Wiederaufleben der Wissenschaften und Künste zur Besserung der Sitten beigetragen?, ausgezeichnet.[6] Er hatte begründet, daß die Wissenschaften Zeitverschwendung seien, das Gute behindern, den Luxus fördern und die verhängnisvolle Ungleichheit der Menschen erweitern. Mit der Kritik an der humanen Bedeutung der Wissenschaften verwies er auf negative Auswirkungen des wissenschaftlich-technischen Fortschritts. Die politisch progressive Forderung, Bedingungen für die Gleichheit der Menschen zu schaffen, führte ihn zu einer generellen Ablehnung der Wissenschaften, die zu bissigen Kommentaren Anlaß gab. So schrieb VOLTAIRE an ROUSSEAU 1755: „Ich habe ihr neues Buch gegen das Menschengeschlecht empfangen ... Niemals hat man soviel Geist auf die Bemühung verwandt, uns wieder zu Tieren zu machen; man kriegt ordentlich Lust, auf allen Vieren zu gehen, wenn man ihr Buch liest.“[7]

Es ist interessant, daß die Enzyklopädisten, die die Rolle der Wissenschaften gegenüber der Ignoranz verteidigten, indem sie auf deren positive Wirkungen verwiesen, die Gesellschaftskritik nicht radikal bis zur Idee von der gesellschaftlichen Gleichheit der Menschen führten. Es ist bedenkenswert, wenn ROMAIN ROLLAND schreibt: „VOLTAIRE und seine großen Helfershelfer DIDEROT, d'ALEMBERT, HOLBACH, HELVETIUS haben, erpicht auf die Zerstörung der alten Gesellschaft, ihrer Vorurteile und ihrer Mißbräuche, in erster Linie die negative Seite des neuen Geistes verkörpert. Sie waren Meister der freien, kritischen und spottsüchtigen Vernunft. ROUSSEAU, er allein, repräsentiert die konstruktive Seite, das Bekenntnis zum neuen Glauben; er ist der Verkünder der Republik. Auf ihn beruft sich die französische Revolution.“[8] Seine Wissenschaftskritik, obwohl Grundlage der Gesellschaftskritik, trat hinter die revolutionären Ideen zurück. In ökologischen Diskussionen der Gegenwart wird er unterschiedlich interpretiert. Manche folgen seiner Wissenschaftskritik und dem Ruf:

Zurück zur Natur! Andere warnen davor: „Ein ‚Zurück zur Natur‘ kann nicht das Gebot der Stunde sein, es wäre auch nicht im Sinne eines recht verstandenen ROUSSEAU, der sich sehr wohl darüber im klaren war, daß der Naturzustand und das ihn begleitende Menschenbild nicht den verbindlichen Maßstab für die Beurteilung des zivilisierten Lebens liefern können.“[9] Mag der Streit um ROUSSEAU doch noch neue Nuancen ergeben, die Auseinandersetzungen um das Mensch-Natur-Verhältnis haben gezeigt: Nicht der wissenschaftlich-technische Fortschritt bringt den Niedergang der Sitten, den Verfall der Werte, den antihumanen Gebrauch seiner Ergebnisse mit sich. Gesellschaftliche Verhältnisse sind es, unter denen der Mensch lebt, die er selbst gestaltet, die den humanen Gebrauch der wissenschaftlichen Erkenntnisse befördern oder hemmen. Kritik an Umweltschäden ist deshalb zugleich Aufforderung, die Ursachen dafür in gesellschaftlichen Kräften zu suchen, deren ökonomische und politische Ziele Umweltzerstörung zum Inhalt haben.

Gegenwärtig weist das Verhältnis des Menschen zur Natur qualitativ neue Dimensionen auf. Zwar haben auch früher Pest und Pocken, ungenügende hygienische Maßnahmen, Urbanisierung und Bergbau, Abholzen der Wälder und Monokulturen die Bevölkerung dezimiert, Umweltschäden hervorgebracht und zukünftige Generationen vor viele Probleme gestellt, aber gegenwärtig hat sich ein Umweltsyndrom herausgebildet. Es reicht von einem möglichen globalen Vernichtungskrieg mit Massenvernichtungswaffen über Energie-, Rohstoff-, Ernährungs- und Gesundheitsprobleme bis zur umfassenderen Persönlichkeitsentwicklung oder ihrer Deformation durch neue Technologien und zur notwendigen humanen Gestaltung einer natürlichen Umwelt. Die wesentlichen Merkmale des Umweltsyndroms sind seine Globalität, sein Vernichtungspotential, seine Langzeitschäden und seine Komplexität. Mit der Globalität, d.h. den Gefahren für die Menschheit insgesamt, ist eine engere Verflechtung von Globalem und Lokalem verbunden. Regionale Schäden können globale Auswirkungen haben und globale Gefahren heben lokale Lösungen nicht auf. Dem durch den wissenschaftlich-technischen Fortschritt entwickelten Vernichtungspotential ist das bei weitem nicht ausgeschöpfte Humanpotential von Wissenschaft und Technik entgegenzusetzen. In der Verantwortung für zukünftige Generationen sind Langzeitschäden, soweit prognostizierbar, einzudämmen. Die Komplexität der zusammenwirkenden Faktoren, kennzeichnend für ein Syndrom, verlangt interdisziplinäre Arbeit, Systemanalyse und Synthese analysierter Wesensmomente.

2.2. Begriffsbestimmungen

Manchem Wissenschaftler macht in den Umweltdebatten die kritiklose Verwendung des Naturbegriffs zu schaffen: „Es ergibt sich von selbst, daß nirgends mehr und lauter von Natur – der des Menschen und der seiner Umwelt – geredet wird, als in den hitzigen Debatten über die ökologischen Probleme unserer Zeit. Zugleich erscheint darin besonders unsere neuere geschichtliche Entwicklung mitunter als einziger Irrweg aus einer maßlos idyllisierten und grotesk verzeichneten ‚Natürlichkeit‘ in eine historische Sackgasse, die zum Untergang zu führen droht. Selbst wer die dabei heiß erörterten Probleme nicht im geringsten verniedlichen will, wird nicht umhin können zu bemerken, daß solches unbefangene Hantieren und Drauflosschlagen mit den Begriffen ,Natur' und ,Natürlichkeit' oft mehr vernebelt als klärt und damit der Suche nach Auswegen und Lösungen wenig dienlich sein kann."[10] Es wird deshalb die Forderung erhoben, Natur und das Verhältnis des Menschen zu ihr, in der Geschichte zu betrachten, um die gegenwärtige Situation nicht einseitig zu beurteilen.

Die Lehren aus der Geschichte zeigen: Das Naturverständnis hat sich in Abhängigkeit von der gesellschaftlichen Entwicklung gewandelt. Der Mensch beherrscht die Natur mit Hilfe von Technik und Technologien, indem er sie für seine Zwecke nutzt, um seine Existenzbedingungen zu produzieren. Dabei ist die Art dieser Herrschaft abhängig vom Stand der Produktivkräfte, der Entwicklung der Wissenschaft und den gesellschaftlichen Verhältnissen. Mit der stürmischen Entwicklung der Produktivkräfte im Kapitalismus im 18. und 19. Jahrhundert wurde die Unerschöpflichkeit der Natur und ihre Schönheit in technizistischen Auffassungen vernachlässigt. In ihnen war die Natur die technisch verfügbare natürliche Umwelt des Menschen. Dagegen gab es romantische Positionen, die Industrialisierung und Raubbau an der Natur kritisierten, die Forderung an den Menschen erhoben, sich wieder in die Natur einzugliedern und lieber Effektivitätsverluste als Humanitätseinschränkungen in Kauf nahmen.

In der Gegenwart geht es darum, den Naturbegriff von seiner historisch beschränkten Einseitigkeit zu befreien. Natur ist (a) Materie als objektive Realität, die außerhalb und unabhängig vom menschlichen Bewußtsein existiert. Zu ihr gehören die materiellen Grundlagen menschlicher Existenz und der Mensch als Naturwesen ebenso, wie die unerschöpfliche kosmische Weite und strukturelle Vielfalt seiner Elementarobjekte. In der Gegenüberstellung zur Gesellschaft ist Natur (b) Ursprung und materielle Existenzbedingung gesellschaftlicher Existenz des Menschen, der sie entsprechend seinen Bedürfnissen verändert. Gegenüber Technik und Technologie ist Natur (c) Ressource zur Befriedigung von Lebensbedürfnissen, Rohstoffreservoir, Objekt der Umgestaltung. Da unsere Umgebung nicht mehr aus reiner unberührter Natur besteht, sondern von Technik durchdrungene, technisierte Natur ist, wird Technik oft als zweite Natur bezeichnet. Dabei werden Kultur und Natur entgegengesetzt, wobei letztere (d) vom Menschen unbeeinflußte materielle Umwelt ist.

Die Umwelt als die Gesamtheit der materiellen Einflußfaktoren auf den Menschen in ihren stofflichen, energetischen und informationellen Aspekten reicht von der unerschöpflichen Weite des Kosmos und der Vielfalt von Elementarteilchenstrukturen über die direkten Einwirkungen unseres Sonnensystems auf die Erde bis zu den Wechselbeziehungen der Organismen untereinander und zu ihren anorganischen Existenzbedingungen. Naturbegriff und Umweltbegriff sind umfangsgleich, unterscheiden sich aber in ihren inhaltlichen Intensionen. Der Naturbegriff umfaßt die Totalität des Geschehens, das Werden des Existierenden und das Wesen des Seienden. Seine Einschränkungen erhält der Naturbegriff, der als Totalität mit dem Materiebegriff identisch ist, durch seine Gegenüberstellung zu Gesellschaft, Mensch, Technik und Kultur. Der Umweltbegriff schließt dagegen immer aus der Totalität der Beziehungen den Organismus aus, dessen direkte oder indirekte Einflußgrößen er charakterisiert.

2.3. Grundlagen philosophischer Analyse

Die philosophische Analyse des Umweltsyndroms hat verschiedene Aspekte zu beachten. Marxistisch-leninistische Philosophie bewährt sich als weltanschauliche Lebens- und Entscheidungshilfe. Das gilt aber nur, wenn der Philosoph als Weltanschauungstheoretiker wissenschaftlich begründete Antworten auf die neu entstandenen weltanschaulichen Fragen gibt. Entscheidend dabei ist der *philosophische Materialismus*, der die Tatsachen in ihrem eigenen und keinem fantastischen Zusammenhang betrachtet. Ökologische Probleme sind keine Scheinprobleme. Nur durch konkrete Analysen sind die Fragen nach den Mechanismen ökologischer Prozesse und den daraus sich ergebenden Gefahren zu beantworten. Das gesellschaftliche Sein in seinen verschiedenen Aspekten, dem geographischen Milieu, dem Menschen als Naturwesen, den für die Art und Weise der Produktion materieller Güter entscheidenden Produktionsverhältnissen, den imperialistischen Krisenerscheinungen und den konstruktiven sozialistischen Lösungen, sind zu erforschen.

Umweltphänomene haben ihre *Geschichte*. Das historische Herangehen zeigt, daß bei ökologischen Untersuchungen der Mensch kein abstraktes Wesen ist, der einer sich verändernden Natur gegenübersteht. Der Mensch erweist sich seinem Wesen nach als Ensemble der gesellschaftlichen Verhältnisse in der Einheit von natürlichen und gesellschaftlichen, materiellen und ideellen, emotionalen und rationalen, unbewußten, unterbewußten und bewußten Faktoren in individueller Ausprägung. Sein Verhältnis zur Natur hat auch in der Geschichte verschiedene Seiten. Raubbau an der Natur rief stets romantische Gegenbewegungen hervor. Als Haupttendenz menschlicher Naturgestaltung ergibt sich jedoch, daß der Mensch durch sein schöpferisches Verhalten, seine Werkzeugproduktion und seine bewußte gegenständliche Auseinandersetzung mit der Natur sich aus der Natur heraushob, als gesellschaftliches Wesen die Natur zu seinen Zwecken veränderte, um seine Existenzbedingungen selbst zu produzieren. Diese Phase war der Kampf des Menschen gegen die Natur, in der er sich von den Naturzwängen insoweit befreien konnte, als er der Natur nun als selbständiges Wesen gegenübertrat. Mit der dialektischen Negation des Menschen als Naturwesen entstand auf der Grundlage der Arbeitsteilung, des Privateigentums an Produktionsmitteln und der Entwicklung der Produktivkräfte die Möglichkeit, die Natur auszubeuten. Mit der stürmischen Entwicklung der Produktivkräfte im Kapitalismus und der auf Maximalprofit orientierten imperialistischen Produktion materieller Güter spitzte sich der Raubbau an der Natur so zu, daß demokratische Gegenbewegungen auf die globalen Gefahren für die Menschheitsentwicklung aufmerksam machten. Der Sozialismus, mit seinem Ziel einer humanen Gestaltung der natürlichen Umwelt, ist die dialektische Negation der Negation zu einer neuen Mensch-Natur-Union.[11]

Umweltpolitik basiert auf den Produktionsverhältnissen, denn Politik ist stets komprimierter Ausdruck der Ökonomie, die durch den Charakter des Eigentums an Produktionsmitteln bestimmt ist. So stehen sich die auf Profit orientierte kapitalistische Umweltpolitik und die auf die Erhöhung des materiellen und kulturellen Lebensniveaus des Volkes gerichtete sozialistische Umweltpolitik prinzipiell entgegen.

Dabei kann es unter bestimmten Bedingungen zur Deformation dieser prinzipiellen Orientierungen kommen. So gibt es Humanitätsbegrenzungen für sozialistische Umweltpolitik durch die Existenz des Imperialismus, der mit politischen Maßnahmen, Embargopolitik u.a. den Sozialismus zu schädigen versucht.

Der Imperialismus muß dagegen auf sozialistische Umweltpolitik reagieren und Maßnahmen ergreifen, die seinem Wesen nicht voll entsprechen. Hinzu kommt, daß die Umweltprobleme zur Verschärfung der Widersprüche im Imperialismus selbst führen können, denn Umweltindustrie ist profitabel. Im Profitinteresse wird deshalb die Auseinandersetzung um den Einsatz von Technologien zum Umweltschutz geführt. Außerdem können natürliche Profitquellen in Gefahr geraten. Auch die Auswirkungen demokratischer Umweltbewegungen sind zu berücksichtigen. So wird nach kapitalistischen Lösungen für das Umweltproblem auf politische Weise gesucht. In dieser Richtung liegen auch Diskussionen um die ökologische Marktwirtschaft. Sie soll die Vergabe von Emmissionsrechten umfassen.[12]

Deformationen sozialistischer Umweltpolitik entstehen zwar in erster Linie durch die Existenz des Kapitalismus, dessen Krisenerscheinungen und gegen den Sozialismus gerichtete Maßnahmen die Planmäßigkeit sozialistischer Entwicklung beeinträchtigen können. Hinzu kommt jedoch, daß Unklarheiten über den Zusammenhang von Strategie, Stufenprogrammen und Eigeninitiative zu Hemmnissen führen können, wenn weltanschauliche Unklarheiten die Lebens- und Entscheidungshilfe auf diesem Gebiet beeinträchtigen. Dann kann berechtigte Basiskritik nicht in erforderliche Initiativen umschlagen. Es besteht sogar die Gefahr, Umweltprobleme als Vehikel zur politischen Kritik zu nutzen. Gibt es einseitige Haltungen oder gar Unterschätzungen der Umweltprobleme in Entscheidungsgremien, dann werden sie nach den Mechanismen sozialistischer Demokratie planwirksam. Es ist also wichtig, das ökonomisch Machbare im wissenschaftlich-technischen Fortschritt zur Durchsetzung der sozialistischen Umweltstrategie in den Plänen festzuschreiben, um einerseits die strategische Aufgabe nicht in der Lösung von Tagesproblemen untergehen zu lassen und andererseits Illusionen über die schnelle Lösung der Umweltprobleme zurückzuweisen.

Philosophie hat *Begriffsanalysen* zu leisten. Wir wissen, daß der Ökologiebegriff selbst einem Wandel unterliegt.[13] 1866 durch HAECKEL in die Biologie eingeführt, bezeichnete Ökologie die Wissenschaft von den Beziehungen der Organismen zur umgebenden Außenwelt.[14] 1877 kam K. MÖBIUS zum Begriff der Biozönose (Lebensgemeinschaft) durch Erforschung der Ökologie einer Austernbank. 1896 unterschied der Botaniker C. SCHRÖTER zwischen Autoökologie, dem Beziehungsgefüge von Einzelorganismus und Umwelt, und Syn-Ökologie, dem Verhältnis von Lebensgemeinschaft und Umwelt. Die Ökologie als Lehre vom gesamten Lebensgeschehen in der Natur schließt gegenwärtig die vom Menschen durchgeführten Veränderungen der Biosphäre ein. Es existiert damit eine angewandte Ökologie. Auch in der Psychologie spielten Ökologieprobleme eine Rolle. So schrieb W. HELLPACH, ausgehend von seinen Arbeiten zur umweltabhängigen Psyche, über den Unterschied von natürlicher, sozialer und kultureller Umwelt. K. LEWIN, der in den 20er Jahren die Einheit von Innen- und Außenbedingungen untersuchte, benutzte 1944 den Ausdruck „psychologische Ökologie". Die Begriffsanalyse muß die Ansätze philosophischer Analyse des Mensch-Natur-Verhältnisses von Aristoteles bis Marx beachten, auch die Rolle der marxistisch-leninistischen Psychologie mit der Betonung der Tätigkeit berücksichtigen.

2.4. Diskussionsebenen

Man kann aus philosophischer Sicht drei Ebenen ökologischer Diskussion unterscheiden:

Erstens: Es gibt eine politisch-ideologische, emotionell aufgeladene Kritik an der Umweltverschmutzung, an imperialistischen Wertvorstellungen der profitablen Ausbeutung der Natur. Es handelt sich um Ökologiebewußtsein, das Problembewußtsein über die Beziehungen des Menschen zur Natur, über mögliche langfristige Schäden und notwendige Lösungen umfaßt. Um auf dieser Ebene diskutieren zu können, sind konstruktive Lösungen ökologischer Probleme ebenso erforderlich, wie die Auseinandersetzung mit weltanschaulichen Unklarheiten über das Mensch-Natur-Verhältnis. Kern der politisch-ideologischen und weltanschaulichen Auseinandersetzung ist die humane Lösung globaler Probleme, in die die Umweltprobleme eingeordnet sind. Das bedeutet Freiheitsgewinn der Persönlichkeit durch gesellschaftlichen Fortschritt im Frieden zu erreichen.

Zweitens: Ökologie ist eine Art des komplexen Herangehens an die Wirklichkeit. Dabei wird der Mensch zum konstituierenden Bestandteil der Theorienentwicklung. Als Gegentendenzen zu dieser Art ökologischen Denkens erweisen sich der Technizismus, der technische Entwicklungen unabhängig von ihren Auswirkungen auf die Beziehungen des Menschen zur Natur fördert. Durch Analyse, Statistik und Mathematisierung der Wissenschaften ist es möglich, den Menschen aus der Theorienentwicklung herauszunivellieren. Deshalb ist die Tendenz zur Mathematisierung der Wissenschaften mit der Tendenz zur Humanisierung der Wissenschaften dialektisch zu verbinden. Die Entwicklung von Effektivitätsmitteln dient der Humanitätserweiterung dann, wenn sie gezielt auf die Erhöhung des materiellen und kulturellen Lebensniveaus des Volkes und auf den Freiheitsgewinn der Persönlichkeit gerichtet ist.[15]

Drittens: Ökologische Forschung befaßt sich mit dem Beziehungsgefüge von Einzelorganismen, Lebensgemeinschaften und Umwelt. Sie untersucht das Verhältnis von Mensch und Natur, Psyche und Technik. Diese Forschungen müssen detailliert für bestimmte Lebensräume, für bestimmte Zeithorizonte durch die verschiedenen ökologischen Disziplinen erfolgen.[16]

Die wissenschaftliche Analyse ist Grundlage begründeter Synthese und verhilft zur weltanschaulichen Klarheit. Deshalb sind alle drei Ebenen der Ökologie miteinander verflochten, beeinflussen sich gegenseitig und zwingen dazu, die Verflechtung von globalen und lokalen, von Kurz- und Langzeitwirkungen, von Forschungs- und weltanschaulichen Problemen zu beachten.

3. Der ökologische Grundwiderspruch

Das Umweltsyndrom umfaßt eine Reihe dialektischer Widersprüche. Dazu gehören die Beziehungen von Einzelorganismus und Umwelt, zwischen den Organismen in Lebensgemeinschaften, zwischen Mensch und Natur, zwischen Technik und Kultur u.a. Es ist deshalb die Frage zu stellen, ob es einen ökologischen Grundwiderspruch gibt. Dazu bemerkte K. MARX: „Wie der Wilde mit der Natur ringen muß, um seine Bedürfnisse zu befriedigen, um sein Leben zu erhalten und zu reproduzieren, so muß es der Zivilisierte, und er muß es in allen Gesellschaftsformen und unter allen möglichen Produktionsweisen. Mit seiner Entwicklung erweitert sich dies Reich der Naturnotwendigkeit, weil die Bedürfnisse; aber zugleich erweitern sich die Produktivkräfte, die diese befriedigen. Die Freiheit in diesem Gebiet kann nur darin bestehen, daß der vergesellschaftete Mensch die assoziierten Produzenten, diesen ihren Stoffwechsel mit der Natur rationell regeln, unter ihre gemeinschaftliche Kontrolle bringen, statt von ihm als von einer blinden Macht beherrscht zu werden; ihn mit dem geringsten Kraftaufwand und unter den, ihrer menschlichen Natur würdigsten und adäquatesten Bedingungen vollziehen. Aber es bleibt dies immer ein Reich der Notwendigkeit. Jenseits desselben beginnt die menschliche Kraftentwicklung, die sich als Selbstzweck gilt, das wahre Reich der Freiheit, das aber nur auf jenem Reich der Notwendigkeit als seiner Basis aufblühen kann."[17] MARX verbindet die notwendige Auseinandersetzung des Menschen mit der Natur, um seine Bedürfnisse befriedigen zu können, mit der Entwicklung der Produktivkräfte, die sowohl neue Bedürfnisse hervorbringen, als auch die Mittel, um sie zu befriedigen. Kern der Ökologie ist deshalb die historisch-konkrete Auseinandersetzung gesellschaftlich organisierter Menschen mit der Natur, um Bedürfnisse zu befriedigen.

Der ökologische Grundwiderspruch ist in der notwendigen Bedürfnisbefriedigung der Menschen begründet. Er ist die Einheit zweier Gegensätze. Auf der einen Seite gibt es Entwicklungszyklen der Natur, in die der Mensch als Naturwesen eingepaßt ist. Auf der anderen Seite stehen Entwicklungszyklen des gesellschaftlich organisierten Menschen, für den die Natur Existenzbedingung ist. Der Mensch als Natur- und als gesellschaftliches Wesen verkörpert selbst die Einheit dieser Gegensätze. Der ökologische Grundwiderspruch, der sich unter konkret-historischen gesellschaftlichen Verhältnissen entwickelt, der auszuhalten und zu lösen ist, lautet: Die notwendige Ausnutzung der Naturressourcen zur Gestaltung der Existenzbedingungen des Menschen führt zur ständigen Veränderung natürlicher Entwicklungszyklen durch den Menschen. Die Lösung des Grundwiderspruchs erfolgt stets unter spezifischen natürlichen und gesellschaftlichen Bedingungen. Seine humane Lösung wird erst mit der dialektischen Negation der Negation des Mensch-Natur-Verhältnisses in eine neue Mensch-Natur-Union im Sozialismus und Kommunismus möglich, weil Natur nicht mehr nur Profitquelle ist, sondern selbst human gestaltet wird. Die Ökologie schafft mit Analysen, Prognosen und Handlungsanweisungen theoretische Grundlagen zu dieser humanen Lösung, die jedoch immer zu seiner Neusetzung führt. Nur wird die Lösung des Grundwiderspruchs nach der Überwindung des Klassenantagonismus vor allem ein wissenschaftlich-technisches Problem, um effektive Lösungen auf humane Weise umsetzen zu können. Ökologie schafft damit auch wissenschaftliche Grundlagen für strategische Orientierungen der Naturgestaltung, für umweltpolitische Entscheidungen und für Masseninitiativen.

Karl Marx betont, daß der Mensch seine Einflußsphären auf die Natur ständig erweitert, weil seine Bedürfnisse wachsen. Damit erhält der ökologische Grundwiderspruch Einfluß auf immer mehr Seiten des gesellschaftlichen Lebens. Die Lösung dieses Grundwiderspruchs verlangt die Beherrschung der dialektischen Beziehungen von Effektivität und Humanität. K. Marx verweist darauf, daß der Mensch seine Wesenskräfte nicht entfalten kann, wenn er seine Bedürfnisse nicht befriedigt. Für letzteres braucht er die Natur. Er muß also auch in ökologische Kreisläufe eingreifen. Im Rahmen natürlicher und gesellschaftlicher Entwicklungszyklen kommt es zur Deformation ökologischer Kreisläufe und möglicherweise zu ihrer Beseitigung. Eine illusionäre Lösung dieses Grundwiderspruchs würde darin bestehen, allein auf Naturschutz zu bauen. Die notwendige Gestaltung der Natur schließt Erhaltung von ökologischen Kreisläufen, soweit dies möglich ist, ein, erfordert aber vor allem die Gestaltung neuer ökologischer Zyklen.[18]

Die Entwicklung von Technologien bestimmt die Möglichkeiten zur Lösung des ökologischen Grundwiderspruchs. Technologien sind Herrschaftsmittel des Menschen, die auf der Umsetzung von Entdeckungen in Erfindungen beruhen und Regeln und Verfahren für die Entstehung neuer Technik, für das Funktionieren existierender Technik enthalten. Technik umfaßt die vom Menschen geschaffenen Aggregate als Artefakte zur Beherrschung der natürlichen, gesellschaftlichen und kulturellen Umwelt des Menschen und seines eigenen Verhaltens. Ökologische Erfordernisse betreffen damit direkt das Verhältnis von Natur und Technik und die Entwicklung von Technik und Technologien. Auch sie haben ihre Geschichte.

Durch das Nutzen günstiger Naturbedingungen entstand in der Urgesellschaft der Ackerbau und die Viehzucht. Dazu wurden technische Geräte entwickelt. Mit der Nutzung und der Erzeugung des Feuers, der Erfindung von Pfeil und Bogen, der Herstellung keramischer Erzeugnisse und der Anwendung von Metall entwickelte der Mensch seine Fähigkeiten und Fertigkeiten als Produktivkraft. Es kam zur natürlichen und später zur gesellschaftlichen Arbeitsteilung. Die Werkzeugherstellung wurde zu einer spezifischen Tätigkeit. In den vorkapitalistischen Gesellschaftsformationen spielte die Nutzung der natürlichen Ressourcen durch Berg- und Ackerbau eine entscheidende Rolle für die Entwicklung der Produktivkräfte. Die Naturausbeutung durch Technik wurde perfektioniert. In der kapitalistischen Produktionsweise erreichte der Raubbau an der Natur seinen Höhepunkt. Gleichzeitig wurde mit der industriellen Revolution die Technikentwicklung beschleunigt, der Maschinenbau entwickelte sich und es entstanden Produktionstechnologien. Technologieentwicklung und Entwicklung der Naturwissenschaften beeinflußten sich gegenseitig und hatten Auswirkungen auf die Naturgestaltung. Menschliche Tätigkeiten wurden durch Geräte nicht mehr nur verstärkt, sondern es kam zum Ersatz der Produktivkraft Mensch durch Maschinen. Naturausbeutung mit Technik und selbständige Entwicklung der Produktion von Technik wurden zu einem Gegensatz von Natur und Technik.

Die Art der Naturbeherrschung ist also abhängig vom Stand der Produktivkräfte, der Entwicklung der Wissenschaft und den gesellschaftlichen Verhältnissen. FRIEDRICH ENGELS betonte, daß wir uns nicht zu sehr mit unseren menschlichen Siegen über die Natur schmeicheln sollten, denn für jeden solchen Sieg rächt sie sich an uns. „So werden wir bei jedem Schritt daran erinnert, daß wir keineswegs die Natur beherrschen, wie ein Eroberer ein fremdes Volk beherrscht, wie jemand, der außer der Natur steht — sondern daß wir mit Fleisch und Blut ihr angehören und mitten in ihr stehen, und daß unsere ganze Herrschaft über sie darin besteht, im Vorzug vor allem anderen Geschöpfen ihre Gesetze erkennen und richtig anwenden zu können."[19]

KARL MARX hatte auf die gesellschaftlichen Bedingungen zur Lösung des ökologischen Grundwiderspruchs verwiesen. Er forderte die rationelle Naturgestaltung auf humane Weise durch die frei assoziierten Produzenten. So bildet sich durch die Verbindung der Ergebnisse der wissenschaftlich-technischen Revolution mit den Vorzügen des Sozialismus eine neue Mensch-Natur-Union heraus. In ihr tragen Technologien als humane Herrschaftsmittel des Menschen zur Gestaltung einer menschenfreundlichen Umwelt bei. Naturerkenntnis wird Grundlage zur Naturbeherrschung auf humane Weise. Das macht die Berücksichtigung ökologischer Erfordernisse, die Einheit von humaner Naturgestaltung und Naturschutz zum strategischen Ziel. Dazu ist die Beziehung des Menschen zur Natur so zu optimieren, daß Nützlichkeit, Sittlichkeit und Schönheit als wesentliche Aspekte gesellschaftlicher Werte einander nicht entgegenstehen. Die Entwicklung der Technik ist, bei Beachtung ihrer Erfordernisse, an die Naturbedingungen anzupassen, um ökologischen Erfordernissen gerecht zu werden. Das Wesen ökologischer Anforderungen des Sozialismus ist deshalb: Effektivitätserhöhung durch Gestaltung eines rationellen Stoffwechsels mit der Natur zur Befriedigung menschlicher Bedürfnisse; Gestaltung einer menschenfreundlichen natürlichen Umwelt durch Erhaltung existierender und Gestaltung neuer ökologischer Zyklen; strategische Programme zum gezielten Abbau ökologischer Schäden und zur Bewahrung der natürlichen Ressourcen menschlicher Existenz; Analyse innerer Entwicklungsgesetze natürlicher Evolution, um künstliche Evolution von Naturprozessen für menschliche Zwecke nutzen zu können; Nutzung der technisch-technologischen Effektivitätsmittel nicht als Selbstzweck zur Naturausbeutung, sondern zur Humanitätserweiterung durch Erhöhung des materiellen und kulturellen Lebensniveaus des Volkes.

Besondere Bedeutung hat dabei die Gestaltung von Bedürfnissen. Mit der Befriedigung von Bedürfnissen entstehen neue. Darauf hatte schon K. MARX verwiesen. Er betont, daß mit der Entwicklung der Produktivkräfte auch die Möglichkeiten wachsen, diese neuen Bedürfnisse zu befriedigen. Nun ergibt sich daraus ein neues Problem. Bedürfnisse können ausgefallene Formen annehmen, wobei ihre Befriedigung die Entwicklung neuer Produktionstechnologien verlangt. Im Kapitalismus sind solche Bedürfnisse Anlaß, wenn sie bei kapitalkräftigen Bevölkerungskreisen auftreten, sie im Interesse des Profits zu befriedigen. Im Sozialismus muß der Sinn von Bedürfnissen mit diskutiert werden. Als Orientierung gilt der Freiheitsgewinn der Persönlichkeit. Jeder Mensch muß seine produktiven Kräfte entfalten können und den Reichtum seiner Persönlichkeitseigenschaften entwickeln. Es ist deshalb die Frage zu stellen, wie Bedürfnisbefriedigung und Persönlichkeitsentwicklung zusammenhängen. Über Werte, Normen, Leitbilder sind sinnvolle Bedürfnisse zu gestalten. Das würde helfen, das die Naturzerstörung fördernde spontane Nachlaufen von Modetrends bei der Bedürfnisbefriedigung einzuschränken, ohne den Einfluß von Mode vernachlässigen zu wollen. Sie sollte selbst umweltfreundlich gestaltet werden.

So wirft die spezifisch sozialistische Lösung des ökologischen Grundwiderspruchs neue Probleme auf. Sie betreffen die ökologischen Anforderungen an die Theorienentwicklung, an den wissenschaftlich-technischen Fortschritt und an die Gestaltung der Bedürfnisse. Eben in diesem Sinne ist Ökologie mehr als die Erforschung der Beziehungen zwischen Organismus und Umwelt. Sie ist wissenschaftliche Grundlage zur humanen Gestaltung der natürlichen Umwelt durch den Menschen unter konkrethistorischen gesellschaftlichen Bedingungen und somit von großer Bedeutung für die gesellschaftliche Praxis, für die strategische Orientierung des Handelns und für die Verantwortung gegenwärtiger Generationen für die Zukunft.

4. Spezielle philosophische Probleme der Ökologie

Auf einige der in der Diskussion befindlichen speziellen philosophischen Probleme der Ökologie soll kurz eingegangen werden. Das betrifft: Das Verhältnis von wissenschaftlich-technischer Revolution und Naturgestaltung; die Komplexität ökologischer Probleme und ihrer Erforschung; das Verhältnis von System und Entwicklung; die Zeithorizonte ökologischen Verhaltens.

4.1. Wissenschaftlich-technische Revolution und Naturgestaltung

Das Verhältnis des Menschen zur Natur erhält mit der wissenschaftlich-technischen Revolution eine neue Qualität. Das Wesen der wissenschaftlich-technischen Revolution besteht darin, daß der Mensch unter sozialistischen und kommunistischen Verhältnissen, die die humane Nutzung der Ergebnisse dieser revolutionären Produktivkraftentwicklung ermöglichen, immer mehr zum schöpferischen Gestalter und Kontrolleur seiner Arbeits- und Lebensweise wird. Davon zeugen: Mit Programmsteuerung und Industrierobotern tritt der Mensch aus dem eigentlichen Fertigungsprozeß materieller Güter heraus und übernimmt im zunehmendem Maße Steuerungs- und Regelungsfunktionen; die Revolution der Werkzeuge wird mit der Entwicklung der Informationstechnologien durch die Revolution der Denkzeuge ergänzt, was gegenwärtige schöpferische Arbeit des Menschen zur zukünftigen Routinearbeit künstlicher Intelligenz macht; Biotechnologien ermöglichen es dem Menschen, vom Nachahmer der Natur zum Konstrukteur biotischer Systeme im Rahmen existierender Naturgesetze zu werden und so die biotische Evolution gezielt zu beeinflussen. Ökologische Forschung kann gegenwärtigen Anforderungen nur gerecht werden, wenn sie dieses neue Verhältnis des Menschen zu seiner Umwelt berücksichtigt.

Berechtigt wird die Frage nach der Stellung des Menschen zum oder im Ökosystem gestellt. „Der Mensch nimmt dabei im Laufe seiner phylogenetischen Entwicklung immer deutlicher als bewußter Gestalter von Ökosystemen eine von allen anderen Organismen abweichende Funktion ein. Er stellt schließlich eine neue Organisationshöhe der lebenden Materie mit seinen Wechselwirkungen zum Ökosystem dar."[20] Wenn man die qualitativ neue Stellung des Menschen in der wissenschaftlich-technischen Revolution berücksichtigt, die er unter bestimmten gesellschaftlichen Verhältnissen einnehmen kann, dann ist ökologische Forschung für den Übergang vom Reich der Notwendigkeit in das Reich der Freiheit vor allem dadurch charakterisiert, daß ökologische Schäden nicht nur konstatiert und soweit möglich korrigiert werden, sondern daß die ökologische Diagnose durch die ökologische Prognose und Therapie ergänzt wird, die von dieser qualitativ neuen Stellung des Menschen zur Natur ausgeht. Dabei wendet sich die marxistisch-leninistische Philosophie sowohl gegen den Vulgärsoziologismus, der das Naturwesen Mensch aus seinen Betrachtungen ausschließt, als auch gegen den Naturalismus, der die gesellschaftlichen Determinanten menschlichen Verhaltens vernachlässigt.

Wissenschaftliche Forschung arbeitet stets mit wissenschaftlich berechtigten Reduktionen. So kann ökologische Forschung bei der Untersuchung bestimmter Lebensräume, wie Luft, Erde, Meer, bei der Erforschung bestimmter Beziehungen von Einzelorganismen und Umwelt oder von Lebensgemeinschaften und Umwelt von der aktiven Rolle des Menschen, soweit möglich, absehen. Es ist für die Analyse wichtig, die Gegensätze des ökologischen Grundwiderspruchs auch so zu untersuchen, als ob ihre Wechselwirkung nicht existierte. Die Darstellung bestimmter Prozesse in „Reinheit" ermöglicht es, Auswirkungen von Eingriffen besser von den Grundmechanismen zu unterscheiden. Mit wissenschaftlich berechtigten Reduktionen werden Voraussetzungen zur Synthese ökologischen Wissens geschaffen, das wissenschaftlich begründete Verhaltensorientierungen für den Menschen gibt. Es wäre jedoch philosophischer Reduktionismus, wenn aus der Berechtigung von analytischen Untersuchungen die Rolle der Synthese bestritten würde. Ökologische Erfordernisse können nur bestimmt werden, wenn die aktive Wirkung des Menschen auf die Ökosysteme berücksichtigt wird.

Den Menschen als biopsychosoziale Einheit zu begreifen ist ein Forschungsprogramm, das die natürlichen Bedingungen menschlicher Existenz berücksichtigen muß[21]. Es ist deshalb der „Mensch-Biogeocoenose-Komplex" zu berücksichtigen.[22] Der Mensch unterscheidet sich vom Tier gerade dadurch, daß er die Gesetze seines eigenen Erkennens und Handelns aufdeckt, die Beziehungen zu seiner Umwelt immer besser begreift, sachkundige Entscheidungen trifft und so auf schöpferische Weise und auf humane Art, unter bestimmten gesellschaftlichen Verhältnissen, langfristige Ziele anstrebt. Die gesellschaftlichen Determinanten des Mensch-Natur-Verhältnisses sind so Bestandteil ökologischer Forschung, soweit sie das Aushalten, die Entfaltung, Lösung und Neusetzung des ökologischen Grundwiderspruchs unter konkrethistorischen Bedingungen betreffen.

4.2. Komplexität und Systemgesetze

Die Ökologie erforscht Beziehungen und Gesetze in den Wechselwirkungen von Organismen und Umwelt. Dabei ist ein Komplex von Faktoren zu berücksichtigen. Die Einschränkung der Komplexität kann zur Reduktion der Ökologie auf Physik, Chemie, Biowissenschaften u.a. führen. Es sind jedoch Stufen der Komplexität zu beachten. So heben globale ökologische Probleme nicht auf, daß auch die Komplexität von ökologischen Faktoren in Regionen zu berücksichtigen sind. Das führt zum Problem der Integrationsebenen in der wissenschaftlichen Forschung, was auch Bedeutung für die Modellierung ökologischer Prozesse hat.[23]

Erfahrungen bei Forschungen zu komplexen Systemen zeigen, daß seriöse wissenschaftliche Arbeiten nur möglich sind, wenn das Forschungsobjekt, als System betrachtet, danach untersucht wird, welche Strukturen, Prozeßmechanismen und Entwicklungstendenzen das Verhalten des Systems charakterisieren. Dazu sind die Elemente in die Betrachtung des Systems einzubeziehen und als wissenschaftlicher Hintergrund der Forschungen muß eine Theorie existieren, in die das Systemverhalten eingeordnet ist. Jede integrative Erforschung komplexer Systeme muß also berücksichtigen, daß System-Element-Beziehungen existieren, die durch eine umfassendere Theorie erklärt werden. Der Versuch, mehr Integrationsebenen in die Forschung einzuführen, löst das eigentliche Forschungsobjekt auf. Wird einseitig auf die Erforschung der Elemente eines Systems orientiert, dann werden diese Elemente selbst als Forschungsobjekt betrachtet, was die Erforschung des zuerst als Forschungsobjekt bestimmten Systems zurückdrängt und die Synthese der Erkenntnisse erschwert. Auch die Hervorhebung der Hintergrundtheorie zur Einordnung des Systems in umfassendere Systeme kann dazu führen, die Besonderheiten des Forschungsobjektes im Allgemeinen aufzulösen.

Um dieses methodologische Problem der Integrationsebenen zu veranschaulichen, sei auf folgende mögliche Forschungsorientierungen in der Ökologie verwiesen. Wird als Ökosystem ein See untersucht, dann können die genannten methodologischen Gefahren folgender Art sein. Die Faktoren des Sees, wie Wasserqualität, Fischbestand, anorganische Bestandteile, weitere Lebewesen usw., die zu- und abgeführten Stoffe u.a. können jeder für sich, Forschungsthema sein. Die Ökologie des Sees verlangt jedoch, die Wechselbeziehungen zwischen diesen Faktoren in ihren Beziehungen und Gesetzen zu bestimmen. Wird die Analyse nicht bis zur Synthese fortgesetzt, dann überwuchert die Untersuchung der Elemente die Einsicht in die Systemgesetze. Da der Mensch entscheidend die untersuchten Faktoren verändern kann, ist es auch möglich, das Hauptaugenmerk auf die Ursachen für bestimmtes menschliches Verhalten zu lenken. Das wird in der für die Ökologie als Rahmentheorie existierenden Gesellschaftstheorie geleistet. Auch dabei kann man den See als das eigentliche Forschungsobjekt aus den Augen verlieren und sich den theoretischen Problemen gesellschaftlichen Verhaltens widmen. Es ist deshalb wichtig, die methodologische Problematik der möglichen Integrationsebenen für wissenschaftliche Systemforschung zu berücksichtigen.

Philosophische Grundlage solcher Forschungen ist die statistische Gesetzeskonzeption, die die Beziehungen von System und Element berücksichtigt, unabhängig davon, ob es sich um natürliche oder gesellschaftliche Faktoren handelt.[24] Ökologische Gesetze sind Systemgesetze mit natürlichen und gesellschaftlichen Elementen in der Systemstruktur. Die Ökologie gehört zu den Wissenschaften, die Komplexe von Bewegungsformen untersucht.[25]

Systeme sind dabei relativ geschlossene Gebilde, die sich durch die Wechselwirkung der Elemente und die sich in ihr herausbildende Struktur auszeichnen. Die wesentliche Struktur dieser Systeme ist durch die Gesetze als allgemeinnotwendigen und wesentlichen Zusammenhängen zwischen den Elementen charakterisiert. Solche Systemgesetze haben dynamische, stochastische und probabilistische Aspekte. Der dynamische Aspekt des Systemgesetzes betrifft die unter Systembedingungen notwendig sich verwirklichende Systemmöglichkeit als Haupttendenz des Systemverhaltens, die sich in verschiedenen Erscheinungsformen durchsetzt. Der stochastische Aspekt umfaßt die dabei mögliche Wahrscheinlichkeitsverteilung für das Verhalten der Elemente, die aus einem Möglichkeitsfeld unterschiedliche Möglichkeiten realisieren. Der probabilistische Aspekt charakterisiert den Übergang von einem Zustand zu einem anderen. Eine wichtige methodologische Forderung für Forschungen zu komplexen Problemen besteht deshalb darin, das Forschungsobjekt genau zu bestimmen, seinen Systemcharakter zu zeigen, die Systemgesetze aufzudecken und die stochastischen Verteilungen für das Verhalten der Elemente zu bestimmen. Der charakterisierte methodologische Fehler besteht dann darin, das Elementverhalten selbst zum Gegenstand der Forschung zu machen, in dem es als Forschungsobjekt und damit als System bestimmt wird. Dann ist es aber nicht mehr möglich, die Systemgesetze für das eigentliche Forschungsobjekt zu entdecken.

4.3. System und Entwicklung

Entwicklung ist im philosophischen Sinne die Tendenz zum Entstehen höherer Qualitäten, die sich durch Stagnation und Regression und die Ausbildung aller Elemente einer Entwicklungsphase durchsetzt.[26] Dabei ist zwischen Entwicklungsmechanismen und Entwicklungskriterien zu unterscheiden. Ein Entwicklungszyklus ist dann abgeschlossen, wenn der Übergang von der Ausgangsqualität über neue Qualitäten zur höheren Qualität erfolgte, was mit Entwicklungskriterien gemessen werden kann, wobei die generelle Forderung an Entwicklungskriterien ist, daß die Endqualität als höhere Qualität die Funktionen der Ausgangsqualität qualitativ besser und quantitativ umfangreicher erfüllt. Ein solcher Entwicklungszyklus zeigt sich auch im Mensch-Natur-Verhältnis. Der Mensch als Naturwesen wurde durch das soziale Wesen Mensch dialektisch negiert, das Raubbau an der Natur betrieb. Die dialektische Negation der Negation in der neuen Mensch-Natur-Union führt dazu, daß die Funktionen der Ausgangsqualität, nämlich die Befriedigung der Bedürfnisse im Interesse der Naturerhaltung durch humane Naturgestaltung erfolgt.

Die Natur selbst entwickelt sich in ökologischen Zyklen. Dabei gibt es Großzyklen, wie etwa die Entstehung fossiler Brennstoffe oder die Entstehung des Lebens und der

Gesellschaft, aber auch Kleinzyklen innerhalb der Großzyklen, wie die Reproduktion von Arten, die Wiederherstellung von Luft- und Wasserqualitäten usw. Solche Zyklen werden durch den wissenschaftlich-technischen Fortschritt beeinflußt. Es kann zur Förderung oder Hemmung von Zyklen, zur Auflösung und Gestaltung neuer Zyklen kommen. Die Zyklizität des Geschehens ist ein wesentliches Merkmal der Entwicklung. Sie muß deshalb in den ökologischen Forschungen berücksichtigt werden. Dabei verflechten sich die Zyklen untereinander zu einem Hyperzyklus, der die Mensch-Natur-Beziehungen in historischer Dimension umfaßt.

Auch die Analyse des ökologischen Grundwiderspruchs zeigt, wie wichtig es ist, Entwicklungsdenken und Systemanalyse miteinander zu verbinden. Wesentliche Zufälle, also im Gesetz enthaltene Möglichkeiten, die sich unter bestimmten Bedingungen mit großer oder kleiner Wahrscheinlichkeit verwirklichen, sind für das Systemverhalten zu berücksichtigen. Dabei können verschieden wesentliche Anfangsursachen entscheidend für beobachtete Endwirkungen in einem Entwicklungszyklus sein. „Veränderungen von Vegetation und Fauna im Rahmen einer Biogeozönose sind entweder Änderungen im Artenbestand oder im Mengenverhältnis der vorhandenen Arten oder aber in deren Entwicklungsphasen. Sie können durch unmittelbare menschliche Eingriffe verursacht sein oder durch natürliche oder anthropogene Umweltveränderungen, ferner durch das Eindringen neuer Arten — sie können aber auch auf inneren Ursachen beruhen, z.B. dem unterschiedlichen Lebensrhythmus der beteiligten Organismen. Aber auch alle durch äußere Einwirkungen bedingten Veränderungen führen zu veränderten Wechselbeziehungen zwischen den Gliedern der Lebensgemeinschaft."[27] Es wird dabei zwischen verschiedenen Gruppen von Veränderungen unterschieden: Periodische Veränderungen in Vegetation und Tierwelt, die jahreszeitlich oder tageszeitlich bedingt sind; der Wachstumsverlauf langlebiger Pflanzen; Beziehungen zwischen Wirt und Parasiten, Räubern und Beutetieren; Vegetationsveränderungen durch abiotische Glieder; direkte Eingriffe in die Vegetation. Diese Differenzierung macht darauf aufmerksam, daß ökologische Kreisläufe Bestandteile ökologischer Zyklen sind, die sich zu einem Hyperzyklus der Mensch-Natur-Gestaltung verflechten. Sinnvolle ökologische Maßnahmen sind deshalb nur aus der, wenn auch unvollständigen, Analyse des Hyperzyklus abzuleiten. Für eine dialektische Auffassung der Zyklizität sind der Unterschied zwischen Ideal- und Realzyklus, die Dialektik von Reversibilität und Irreversibilität, die mögliche Periodizitätsverkürzung der Zyklen und die Hierarchie der Zyklen und ihre Überlappung im Hyperzyklus zu beachten.[28] Deshalb ist es wichtig, unterschiedliche Zeithorizonte der verschiedenen Zyklen im ökologischen Hyperzyklus zu beachten.

4.4. Zeithorizonte

Zeit ist nach dem Verständnis der marxistisch-leninistischen Philosophie Existenzform der Materie. Sie verweist auf die Irreversibilität des Geschehens, gibt eine Ordnung für die Aufeinanderfolge von Zuständen und macht gerichtete Veränderungen mit einer Metrik meßbar. Die objektive Zeit existiert also nicht an sich. Sie ist in ihrer Richtung, Ordnung und Metrik durch die Gesetze des Geschehens bestimmt, dessen

Zeit sie ist. Das führt zum Problem der Zeithorizonte. „Der Aufklärung von Stabilitätsverhalten von Ökosystemen kommt in Zukunft eine direkte volkswirtschaftliche Dimension zu. Vor allem hinreichend lange Zeiträume sind bei der Prognostik zu berücksichtigen. Globale Trends bzw. Phänomene in anderen Regionen der Erde sind oft (nicht zwangsläufig immer!) Indikatoren für ‚Umweltüberraschungen' auch bei uns. (Nitratprobleme in Grundwasser, gegenwärtiges mitteleuropäisches Baumsterben, allgemeine Fragen der Strukturerosion von Ökosystemen sind bekannte Beispiele)!"[29] Es ist der Hinweis darauf, daß Gesellschafts- und Naturentwicklung eine unterschiedliche Zeitmetrik besitzen. Wenn es jedoch um die gesellschaftliche Verwertung von Naturprodukten geht, wenn das Mensch-Natur-Verhältnis untersucht wird, dann sind die unterschiedlichen Zeitdimensionen aufeinander zu beziehen. Deshalb ist es wichtig, die globalen Auswirkungen auf regionale Systeme in ihrem Zeitregime ebenso zu erfassen, wie die Lang- und Kurzzeitwirkungen menschlicher Veränderungen der ökologischen Zyklen. Werden gesellschaftliche Erfordernisse ohne die Berücksichtigung von natürlichen Zyklen durchgesetzt, dann kann es zu schweren Schäden kommen. Das zeigen Verwüstungen, absinkende Wasserqualität, Luftverunreinigung und geringere Bodenfruchtbarkeit.

Aussagen über Zeithorizonte können nur gewonnen werden, wenn die Systemgesetze und die Entwicklungszyklen der Systeme erkannt sind, über deren zeitliche Ordnung, Richtung und Metrik etwas ausgesagt werden soll. Dabei ist es wichtig, die Wirkungsmechanismen der Gesetze zu kennen.[30] Sie bestimmen den gesetzmäßigen Verlauf des Geschehens unter konkreten Wirkungsbedingungen. Die kurzzeitigen gesellschaftlichen Erfordernisse müssen dabei in die Wirkungsmechanismen langfristiger natürlicher Entwicklungszyklen eingefaßt werden, um die Varianten zu finden, die das Verhältnis von Nützlichkeit, Sittlichkeit und Schönheit optimieren und die Effektivitätssteigerung zur Humanitätserweiterung nutzen lassen, ohne wesentliche Seiten ökologischer Zyklen zu zerstören.

Erst aus der Analyse objektiver Zeitbeziehungen zwischen gesellschaftlichen Erfordernissen und natürlichen Entwicklungszyklen ist es möglich, gesellschaftliche Zeithorizonte für das Mensch-Natur-Verhältnis zu erhalten. Sie betreffen Strategien, d.h. gesellschaftliche Ziele, die unser Zukunftsbewußtsein bestimmen. Solche Strategien sind programmatisch festgeschrieben und umfassen als lösbare Aufgaben meist die Zeiträume von 15–20 Jahren. Strategische Orientierungen, die über Programme hinausgehen, und Programme sind die Grundlage für mittel- und kurzfristige Pläne. Daraus ergeben sich Aktionsanforderungen und persönliche Aktivitäten. Die schöpferischen Leistungen des Individuums können also nur richtig orientiert werden, wenn der Zusammenhang von Strategien, Programmen und Eigeninitiative beachtet wird.

5. *Fazit*

Als Fazit der Überlegungen sei festgehalten:

Erstens: Die Ökologie ist als Synthese von Erkenntnissen über das Verhältnis des Menschen zur Natur und zur Technik zu erfassen, um wissenschaftlich begründete

Handlungsanweisungen zu erhalten, wie das strategische Ziel zu erreichen ist, den Stoffwechsel des Menschen mit der Natur rationell zu regeln und auf humane Weise zu gestalten. Dabei gilt selbstverständlich, daß eine Synthese ohne sorgfältig durchgeführte Analyse von Mechanismen des Systemverhaltens, vom Zusammenwirken der Elemente in ökologischen Systemen, von Entwicklungstendenzen und gesellschaftlichen Anforderungen nicht möglich ist. Die Stufen der Komplexität von der Globalität über Regionen bis zu Territorien sind zu beachten. Es geht um sachkundige Entscheidungen, die die Gestaltung einer menschenfreundlichen natürlichen Umwelt ermöglichen, wobei der Naturschutz eingeordnet ist.

Zweitens: Die Philosophie befaßt sich mit weltanschaulichen Problemen im Ökologiebewußtsein und wirkt als Weltanschauungstheorie handlungsorientierend. Sie ordnet als Erklärung die ökologischen Phänomene in das moderne Weltbild ein, rechtfertigt das Entstehen neuer Forschungsrichtungen zur Analyse qualitativ neuer Bedingungen und Mechanismen, provoziert neue Fragen und initiiert damit neue Forschungen.

Drittens: Große Bedeutung zur Lösung erkenntnistheoretischer und methodologischer Probleme der Ökologie hat das interdisziplinäre Zusammenwirken von Philosophen und Ökologen. Die marxistisch-leninistische Philosophie kann mit ihrer Determinismusauffassung, ihrer Entwicklungstheorie, ihrem Zeitverständnis, ihrer Gesellschaftsanalyse heuristisch wirksam werden, wenn Ökologen philosophische Erkenntnisse nutzen, um neue Fragen an die Philosophie zu stellen und wenn Philosophen sich das ökologische Material aneignen, um allgemeine philosophische Auffassungen entsprechend zu präzisieren und philosophische Hypothesen zu entwickeln.

Anmerkungen

1 A. Kosing: Natur und Gesellschaft. In: Einheit. Heft 11 (1984) S. 1018ff.; H. Hörz: Mensch contra Materie? Berlin 1976.
2 G. Kunz: Die ökologische Wende. München 1983. S. 272.
3 G. Ch. Lichtenberg: Aphorismen und Briefe. Berlin 1953. S. 130.
4 Die ökologische Wende. a.a.O. S. 8.
5 G. Bayerl: Materialien zur Geschichte der Umweltproblematik. In: Technologie und Politik. Das Magazin zur Wachstumskrise. Band 16. Hamburg 1980. S. 184.
6 J.-J. Rousseau: Frühe Schriften. Leipzig 1965. S. 46.
7 R. Wendorff: Zeit und Kultur. Wiesbaden 1980. S. 284.
8 J.-J. Rousseau: Der Gesellschaftsvertrag. Eingeleitet von Romain Rolland, Rudolstadt 1953. S. 5.
9 H. Markl (Hrsg.): Natur und Geschichte. München, Wien 1983. S. 287.
10 Ebenda, S. 8.
11 H. Reichelt: Die natürliche Umwelt rationell nutzen, gestalten, schützen. in: Einheit, Heft 11 (1984) S. 1010ff.
12 Natur und Geschichte. a.a.O. S. 289ff.
13 R. Schubert (Hrsg.): Lehrbuch der Ökologie. Jena 1984. S. 17f.

14 J. Ritter/K. Gründer: Historisches Wörterbuch der Philosophie. Band 6. Basel/Stuttgart 1984. Stichwort: Ökologie. Sp. 1146–1149.
15 H. Hörz/D. Seidel: Humanität und Effektivität – Zwei Seiten der wissenschaftlich-technischen Revolution? Berlin 1984.
16 Vgl. die Darlegung von Forschungsergebnissen in der Klasse Umweltschutz und Umweltgestaltung, die verschiedene Bereiche wie Boden, Wasser und Wald betrafen, Modelle zur Erfassung ökologischer Veränderungen behandelten, das Verhältnis von Ökologie und Ökonomie analysierten und Probleme der Lärmbekämpfung u.a. untersuchten.
17 K. Marx: Das Kapital. 3. Band. in: MEW. Berlin 1964. S. 828.
18 M. Schubert: Zur Entwicklung abproduktarmer bzw. -freier Verfahren in Einheit von Umweltschutz, Material- und Energieökonomie. Sitzungsberichte der AdW der DDR. 21 N/1981.
19 F. Engels: Dialektik der Natur. in: MEW, Band 20, Berlin 1973. S. 453.
20 Lehrbuch der Ökologie. a.a.O. S. 20.
21 Umfrage: Der Mensch als biopsychosoziale Einheit. in: Deutsche Zeitschrift für Philosophie. 2/1985, 3/1985.
22 Lehrbuch der Ökologie. a.a.O. S. 20.
23 P. Mauersberger: Möglichkeiten und Grenzen der Prognose von Veränderungen aquatischer Ökosysteme bei veränderter Inanspruchnahme. Sitzungsberichte der AdW der DDR. 1 N/1983.
24 H. Hörz: Der dialektische Determinismus in Natur und Gesellschaft. Berlin 1974.
25 H. Hörz: Marxistische Philosophie und Naturwissenschaften. Berlin 1974. S. 531 f.
26 H. Hörz/K.-F. Wessel: Philosophische Entwicklungstheorie. Weltanschauliche, erkenntnistheoretische und methodologische Probleme der Naturwissenschaften. Berlin 1983.
27 E. Ehwald, K. Dörter, R. Junghaus: Probleme der Landeskultur und der Lärmbekämpfung. Sitzungsberichte der AdW der DDR, 6 N/1982. S. 7.
28 H. Hörz: Zyklizität als philosophisches Problem. In: Zeitschrift für Geologische Wissenschaften. Berlin Jahrgang 12 (1/1984). S. 5ff.
29 H. Schieferdecker: Auffassungen zur gegenwärtigen Ökologiediskussion – unter besonderer Berücksichtigung geoökologischer Aspekte. In: Nachrichten. Mensch-Umwelt. 2/1983 AdW der DDR, wissenschaftliches Informationszentrum. S. 38.
30 H. Hörz: Zufall – Eine philosophische Untersuchung. Berlin 1980.

WERNER SCHELER

Abschlußbemerkungen

Verehrte Kollegen, liebe Genossen!
Sehr geehrter Herr LEHMANN!

Seit Gründung der problemgebundenen Klasse „Optimale Gestaltung der Umweltbedingungen (Mensch und Umwelt)" am 8. April 1971, die 1973 als Klasse Umweltschutz und Umweltgestaltung die Arbeit fortsetzte, waren Sie bis zum heutigen Tage als deren Vorsitzender tätig. Davor waren Sie bereits seit 1963 bis zur Akademiereform Sekretar der Klasse für Chemie, Geologie und Biologie. Somit können Sie auf ein annähernd 20jähriges erfolgreiches Wirken als Sekretar bzw. Vorsitzender einer Klasse der Akademie zurückblicken.

Die Klasse Umweltschutz und Umweltgestaltung hat eine wertvolle Arbeit geleistet. Darauf werde ich noch eingehen. Indessen werden in jüngerer Zeit an die Akademie wachsende Anforderungen zur Umweltproblematik gestellt, die zu reflektieren und organisatorisch zu bewältigen ein akademisches Gremium, wie die Klasse, überfordert ist.

In mehreren Gesprächen mit Ihnen, lieber Herr LEHMANN, und mit weiteren Mitgliedern der Klasse haben wir uns darüber verständigt, wie sich die Beratungstätigkeit zur Problematik Umweltschutz und Umweltgestaltung weiterentwickeln sollte. Gemeinsam sind wir zu dem Ergebnis gekommen, daß einerseits die Probleme des Umweltschutzes und der Umweltgestaltung auf Grund ihrer ständig steigenden Bedeutung in den disziplinorientierten Klassen stärkere Beachtung und wissenschaftliche Behandlung finden müssen. Dabei ist andererseits natürlich auch zu sichern, daß die einzelnen Forschungseinrichtungen der Akademie die erhöhten Anforderungen hinsichtlich umweltrelevanter Fragestellungen inhaltlich und kapazitätsmäßig in notwendigem Umfang zu berücksichtigen haben. Die Koordinierung dieser Aufgaben sowie eine operative und enge Zusammenarbeit mit anderen staatlichen Einrichtungen, mit Betrieben und Ministerien überfordert eben in starkem Maße die Arbeitsmöglichkeiten einer Klasse. Die Akademieleitung bedarf deshalb eines auch zur operativen Arbeit fähigen Wissenschaftlichen Rates mit einem gewissen, an der Akademie verankerten wissenschaftlichen und personellen Hinterland, der die verdienstvolle Arbeit der bisherigen Klasse, die mit dem heutigen Tage ihre Tätigkeit beendet, entsprechend den neuen Anforderungen weiterführt. Dabei gehe ich davon aus, daß sich aus Ihrem Kreis, verehrte Kollegen, der Kern dieses Wissenschaftlichen Rates formieren wird, und im übrigen bitte ich Sie, in den disziplinorientierten Klassen unserer Akademie die Fragen der Umweltgestaltung und des Umweltschutzes gebührend in die Tätigkeit dieser Gremien einzubringen.

In mehreren Gesprächen haben Sie, lieber Herr LEHMANN, auf Grund Ihres hohen Alters und Ihres Gesundheitszustandes darum gebeten, von Ihrer Verpflichtung als Vorsitzender der Klasse entbunden zu werden. Ich kann aus den genannten Gründen heute dieser Bitte entsprechen. Ein solcher Schritt ist immer Anlaß, Bilanz zu ziehen und vor allem Ihnen, lieber Herr LEHMANN, den allerherzlichsten Dank auszusprechen, den die Akademie Ihnen für diese lange währende verdienstvolle Tätigkeit schuldet.

Sie haben in dieser verantwortungsvollen Funktion wesentlich dazu beigetragen, einen fruchtbaren wissenschaftlichen Meinungsstreit und einen ertragreichen Erfahrungsaustausch in Ihrer Klasse, mit anderen Klassen und im Plenum zu führen.

Die Klasse Umweltschutz und Umweltgestaltung erarbeitete als interdisziplinäres, problemorientiertes Beratungsgremium in enger Zusammenarbeit zwischen Natur- und Gesellschaftswissenschaften Empfehlungen für die gesellschaftliche und wirtschaftliche Praxis. Dabei leistete sie insbesondere Beiträge zur Interpretation der verschiedenen Ziele der Umweltgestaltung, zur Entwicklung neuer Ideen für die Lösung ausgewählter, vordringlicher Probleme des Umweltschutzes, zur rechtzeitigen Erkennung potentieller Umweltgefahren und zur Förderung umweltfreundlicher Technologien. Mit der Lösung dieser Aufgaben haben Sie maßgeblich zur Meinungsbildung und Entscheidungsfindung über bedeutungsvolle Richtungen auf dem Gebiet des Umweltschutzes und der Umweltgestaltung beigetragen. Sie, Herr LEHMANN, gaben – befähigt durch Ihre großen Erfahrungen, Ihr übergreifendes Wissen – vielfältige Anregungen zur Themengestaltung und zur Diskussion in der Klasse und leisteten so einen wesentlichen Beitrag zum erfolgreichen Wirken der Klasse. Dafür sprechen zahlreiche Veröffentlichungen sowie eine Reihe von Stellungnahmen und Expertisen, die von der Klasse erarbeitet und verschiedenen Institutionen, Einrichtungen und staatlichen Stellen zur Unterstützung bei der Entscheidungsfindung zugeleitet werden konnten. Die Vorträge von über 50 Sitzungen der Klasse wurden vorwiegend in den Sitzungsberichten der Akademie, aber auch in der Reihe „Aus der Arbeit von Plenum und Klassen" und anfangs auch in den „Wissenschaftlichen Thesen" veröffentlicht. Lassen Sie mich von den von der Klasse erarbeiteten Stellungnahmen und Expertisen nur folgende Beispiele nennen:

- Erarbeitung von Materialien für die Konzeption der AdW zur Vorbereitung der Stockhomer Umweltschutzkonferenz der UNO (1972),
- Stellungnahme zum Arbeitsprogramm zur Verstärkung der effektiven Gestaltung der Akademieforschungen zu Grundfragen der Optimierung der Umweltbedingungen,
- Empfehlungen zum Bildungsinhalt der allgemeinbildenden polytechnischen Oberschulen,
- Stellungnahme zur langfristigen Konzeption der Grundlagenforschung auf dem Gebiet der sozialistischen Umweltgestaltung und des Umweltschutzes,
- Stellungnahme zum Gülleproblem und verwandten Problemen in der bodenkundlichen Situation der DDR,
- Stellungnahme über die Situation der Systematik der Organismen in der DDR im

Hinblick auf ihre Bedeutung für die Ökosystemforschung und deren Anwendung bei der Umweltgestaltung,
- Stellungnahme zur Direktive zur Überarbeitung der Lehrpläne für die Abiturstufe,
- Stellungnahme und Ergänzungen zum „Wörterbuch der Terminologie im Umweltschutz in sieben Sprachen" der APW der DDR,
- Stellungnahme zur Entwicklungskonzeption der AdW der DDR bis zum Jahre 2000.

Durch eine enge Verbindung mit anderen Klassen unserer Akademie haben Sie den interdisziplinären Erfahrungsaustausch stets angeregt und gefördert, so durch gemeinsame Sitzungen und Kolloquien insbesondere mit den Klassen Chemie, Biowissenschaften, Medizin, Physik, Geo- und Kosmoswissenschaften sowie Gesellschaftswissenschaften I. Darüber hinaus wurde die Zusammenarbeit mit verschiedenen wissenschaftlichen Einrichtungen und Institutionen der DDR gepflegt, insbesondere mit der Bauakademie, der Akademie der Landwirtschaftswissenschaften und wissenschaftlichen Gesellschaften. Ein fester Bestandteil der Klassenarbeit war über viele Jahre hinweg die Durchführung von Beratungen und Kolloquien mit der Sektion Städtebau und Architektur der Bauakademie der DDR, wobei vielfältige Probleme der Stadt-Umland-Beziehungen diskutiert wurden, insbesondere solche, die mit der Realisierung des Wohnungsbauprogramms im Zusammenhang stehen. Durch diese Veranstaltungen wurde es möglich, Erkenntnisse auf dem Gebiet des Umweltschutzes schnell in die gesellschaftliche Praxis einfließen zu lassen.

Die Themengestaltung der Klasse wurde aber auch bestimmt durch aktuelle Ereignisse, zu deren Diskussion sich die Klasse veranlaßt sah, so z. B. zu den Ereignissen in Seveso oder zur imperialistischen Hochrüstungspolitik. Teilweise wurden die in der Klasse diskutierten Probleme über einen längeren Zeitraum in Arbeitsgruppen weiter verfolgt und vertieft, um entsprechende Schlußfolgerungen, Stellungnahmen bzw. Memoranden zu erarbeiten. Besonders hervorheben möchte ich die Arbeitsgruppen „Ökologie", unter dem Vorsitz von OM H.-J. Müller, „Territoriale Strukturforschung", unter dem Vorsitz von Prof. Dr. H. Lüdemann, „Medizinisch-toxikologische Probleme", unter dem Vorsitz von OM Kh. Lohs, und „Ökonomie – Umwelt", unter dem Vorsitz von OM H. Mottek, die über mehrere Jahre im Auftrag der Klasse eine intensive Beratungstätigkeit geführt haben.

Indem ich Sie, lieber Herr Lehmann, mit dem heutigen Tage als Vorsitzender der Klasse Umweltschutz und Umweltgestaltung entpflichte, verbinde ich damit meinen aufrichtigen Dank für Ihr langjähriges verdienstvolles Wirken als Vorsitzender der Klasse Umweltschutz und Umweltgestaltung.

Ich bin davon überzeugt, daß Sie auch weiterhin Ihren reichen Erfahrungsschatz in die Arbeit der Akademie einfließen lassen werden. Bei der Lösung der weiteren Aufgaben, die Sie sich trotz Ihres hohen Alters immer wieder stellen, wünsche ich Ihnen weiterhin viel Erfolg und vor allem gute Gesundheit.

EDGAR LEHMANN

Bemerkungen zum Vortrag von Herbert Hörz

Die Mitglieder und ständigen Mitarbeiter der Klasse, die an der letzten Sitzung der seit 1971 bestehenden Klasse „Umweltschutz und Umweltgestaltung" fast vollzählig teilnahmen, haben durch ihren starken Beifall bekundet, daß die Erwartungen, die sie an die Ausführungen unseres profilierten Akademiemitgliedes, des international von Freunden wie Gegnern hochgeschätzten Philosophen HERBERT HÖRZ knüpften, voll erfüllt, in gewissem Sinne noch übertroffen wurden.

Die Klasse hat nicht selten feststellen müssen, daß die Vertreter der Einzeldisziplinen geneigt sind, die anthropogenen Faktoren lediglich in einer Überschichtung der von der Natur gegebenen Umweltverhältnisse wirksam zu sehen. Es handelt sich aber in der Umwelt, diesem für die menschliche Gesellschaft existentiell durch nichts zu übertreffenden Wirklichkeitsbereich um Sachverhalte, in denen sich Wirkungen gesellschaftlich-politischer Willensakte mit naturwissenschaftlich bestimmbaren Entwicklungen vereinen. Die grundlegende, nicht zuletzt philosophische Bedeutung dieser Feststellung, die zugleich ein integratives wissenschaftliches Vorgehen nicht nur fordert, sondern zur Bedingung macht, wird nur allmählich und in verschiedenem Ausmaß von den Natur- und Gesellschaftswissenschaften erkannt und anerkannt. Die mit der naturwissenschaftlichen und gesellschaftswissenschaftlichen Erforschung des Territoriums sich enthüllenden Umweltprobleme stellen den Menschen immer mehr in den Mittelpunkt von Auseinandersetzungen mit dem wissenschaftlich-technischen Fortschritt schlechthin – und dadurch mitten hinein in Grundfragen einer marxistisch-leninistischen Philosophie, wie sie von Herrn HÖRZ – im engsten Kontakt mit dem Fortschritt der Einzeldisziplinen gefördert wird.

Der philosophische Kern jeglicher Umweltproblematik brachte die große Bedeutung des speziellen Themas „Philosophie und Ökologie" klar zutage. Herr HÖRZ verstand es, die wissenschaftlichen Aussagen über konkrete Umweltsachlagen mit bewertenden philosophischen Aussagen zu verbinden, indem er auf den engen Zusammenhang zwischen Erkennen und Bewerten wies, ohne beide zu identifizieren. Es wurde während des Vortrages in steigendem Maße deutlich: das Wort ‚Philosophie' hat auch in der Umweltforschung einen neuen Klang bekommen. Die Philosophie schiebt sich heute zwischen die Natur- und Gesellschaftswissenschaften als eine sie übergreifende Wissenschaft, die sich von Spekulationen freihält und die reale Qualität der Erscheinungen als die zu bewertende Wirklichkeit klar in die Sicht stellt. Eine früher verständliche Skepsis gegenüber der Philosophie, besonders von naturwissenschaftlicher Seite, konnte nicht zuletzt dank der unermüdlichen Transformation von Forschungsergebnissen der Einzelwissenschaften in die Ebene der Philosophie — — nicht zuletzt durch den Vortragenden selbst — weitgehend abgebaut werden.

Aus dieser wissenschaftshistorischen Situation heraus ist der Ansatzpunkt zu verstehen, den Herr Hörz für seinen Vortrag wählte. Es sei als erstes eine der Kernaussagen des Vortrages hervorgehoben: Ohne einen wirklichen Humanismus, ohne Ethik und Logik und ohne den unausweichlichen Kampf der wissenschaftlichen Träger des Humanismus, die sich auf der Basis exakter Analysen natur- und gesellschaftswissenschaftlicher Erkenntnisse für eine optimale Umweltgestaltung einsetzen, ist die Behandlung der höchst komplexen Umweltproblematik zum Scheitern verurteilt. Die wissenschaftlich präzise begründeten Handlungsorientierungen, die Herr Hörz allen an der Ökologie bzw. Umweltforschung beteiligten Fachkreisen unter dem Gesichtspunkt der marxistisch-leninistischen Philosophie gab, zielen auf eine enge Verbindung von wissenschaftlich-technischer Fachspezifik mit humanistischen Bewertungskriterien.

Zum Entstehen dieser wissenschaftshistorisch bedeutsamen Situation hat der Vortragende, der nicht nur in den sozialistischen Ländern, sondern weltweit hochangesehene Philosoph Herbert Hörz — zugleich als stellvertretender Direktor des Zentralinstituts für Philosophie der AdW der DDR — Wesentliches beigetragen. Der Vortrag von Herrn Hörz, gehalten in Anwesenheit des Präsidenten der Akademie, Werner Scheler, der um eine verstärkte Effektivität der Umweltforschungen an der Akademie sehr bemüht ist, — z.B. auch durch die beabsichtigte Gründung eines Wissenschaftlichen Rates für Umweltgestaltung und Umweltschutz — hatte einen ausgeprägt konstruktiven Charakter. Die Ausführungen von Herrn Hörz stehen in vollem Einklang mit vielen, meist von naturwissenschaftlichen Mitgliedern und Mitarbeitern der „Umweltklasse" gehaltenen Vorträgen, die darauf zielten, konkrete Lösungswege für zweifellos bestehende Krisensituationen aufzuzeigen. Daß mit jeder Lösung — auf dem biologisch-ökologischen, dem geoökologischen, dem sozialen oder wirtschaftlichen Sektor — neue Probleme und daher immer neue Möglichkeiten ihrer Bewältigung ausgearbeitet werden müssen, bedeutet nicht, einem illusionären Pessimismus zu verfallen, sondern in realer Lebensbejahung die bestehenden natürlichen und gesellschaftlichen Bedingungen zu analysieren und unter Einbeziehung der mächtig angeschwollenen Erfahrungen die in ihnen liegenden Risiken so weit wie möglich zu vermindern. Dazu bedarf es eines philosophischen Denkens, das keine Sekunde jene gesellschaftlichen Kräfte aus dem Blickfeld läßt, die die Grundprobleme der Umweltforschung von einem unerschütterlichen humanen Standort aus angehen.

Herr Hörz hat daher z.B. mit der modernen geoökologischen Arbeitsweise, wiederum durchaus in Übereinstimmung mit seinen Ausführungen, wenn ich es, vielleicht etwas stark vereinfacht, hervorheben darf, den Menschen in das von ihm entscheidend mitgesteuerte Natursystem auch von der philosophischen Position aus einbezogen. Es ist dies die logische Folge seiner tiefergreifenden Auseinandersetzung mit den Prinzipien, von denen sich die verschiedensten, an der Umweltforschung beteiligten

Natur- und Gesellschaftswissenschaften leiten lassen. Herr HÖRZ sieht diese Prinzipien als modifizierbare Verfahrensweisen an, auf Grund deren einzelwissenschaftliche Aussagen in die immer totalen, gesellschaftlich bestimmten Umweltphänomene eingefügt werden können. Dies kann nicht unmittelbar geschehen. Es bedarf vielmehr für die Integration der oft nebeneinander stehenden einzelwissenschaftlichen Ergebnisse bestimmter noch zu erarbeitender, mindestens auf Teilbereiche der Umwelt anwendbarer Hypothesen, die sich auf philosophische, d.h. die Einzelwissenschaften verbindende Grundbegriffe stützen.

Der philosophische Aspekt hat, wie jeder mit Umweltfragen beschäftigte Wissenschaftler bekunden wird, große wissenschaftstheoretische und praktische Bedeutung. Weitab von einer längst abgetretenen „Naturphilosophie" orientierte Herr HÖRZ, der als Philosoph von der Physik herkommt und fest auf dem Boden der modernen Naturwissenschaften steht, seinen streng in der rationalen Naturbetrachtung verankerten Vortrag auf solche Probleme, die nicht nur durch die Anwendung der viel zitierten Vernunft zu lösen sind, sondern überdies aus den real bestehenden Bedingungen heraus im humanistischen Geist anzugehen sind. Wir agieren und reagieren im direkten Umgang mit unserer Umwelt. Wir sind einerseits eingebunden in besondere gesellschaftliche, geschichtliche, kulturelle Umwelten, andererseits sind wir offen für Einflüsse aus anderen „Umwelten", insbesondere aus den in unserem Lande technisch stark umgeprägten „Naturräumen". Dieses Gegensätzliche verfehlt das Humane, wenn eines, nämlich das „Natürliche" gegen die Technik als das scheinbar traditionell Gleichbleibende, gegen den historischen Wandel ausgespielt wird – wie etwa unbewältigte Industrialisierung und Urbanisierung gegen falsch verstandene, technikfeindliche Ökologierungsbestrebungen.

Herr HÖRZ unterstrich, um einer solchen Dialektik den Boden zu entziehen, an verschiedenen Beispielen die weltanschauliche Relevanz der Philosophie im Verhalten zu den ökologischen Wissenschaften, deren Erkenntnisse an der Praxis überprüft werden müssen, um gesellschaftliche Ursachen für antihumane Lösungen von Umweltproblemen auszuschließen. So ist es nur schlüssig, wenn wir eine alte, in früheren Sitzungen der Klasse erarbeitete Erfahrung als Bestätigung von philosophischer Position aus ansehen können, nämlich die Bemerkung von Herrn HÖRZ, daß ökologische Sachkenntnisse in weltanschaulicher Auseinandersetzung um das Mensch-Natur-Verhältnis einzubringen sind.

Ohne die Auffassung der Philosophie als Weltanschauungslehre, welche Tendenzen und Möglichkeiten der höchst komplizierten Umweltkomplexität dialektisch mit ihren Widersprüchlichkeiten und Gegenläufigkeiten erfaßt, – ohne, wie es Herr HÖRZ ausdrückte, die Berücksichtigung von Sachverhalten, deren Bedeutungswert in ihrer „Nützlichkeit, Sittlichkeit und Schönheit" für die Umweltgestaltung liegt, entzieht sich der stark mit der Umweltproblematik verflochtene Humanismus eine seiner wesentlichen Grundlagen. Es geht nicht nur um erkenntnistheoretische und methodologische Probleme in der Ökologie und Geoökologie in ihrem Verhältnis zur Philosophie.

Ein verantwortungsvolles strategisches Herangehen an die Gestaltung einer humanen, d.h. einer menschenfreundlichen Umwelt kann nur erzielt werden, wenn sich ökologische Erkenntnisse zu weltanschaulichen Einsichten verdichten, d.h. wenn die Ökologie sich als Mittel zur allgemeinen gesellschaftlichen Effektivitätssteigerung in Richtung einer Humanitätserweiterung erweist. Der Weg zu diesem hohen Ziel führt von der Analyse einzelner Wesensmerkmale in den Umweltbeziehungen zur ökologischen Synthese. Das neue, nicht zuletzt weltanschaulich bedingte Verhältnis des Menschen zu seiner natürlichen, von ihm selbst stark veränderten Umwelt ist nicht einseitig aus der gegenwärtigen Situation heraus zu verstehen. Es bedarf der historischen Analyse ebenso wie der Mathematisierung in der Umweltforschung, um die Systemanalyse für ihren ökologischen und geoökologischen Sektor wirksam zu machen.

Die Einzelwissenschaften der technischen Revolution der „Werkzeuge", denen Herr HÖRZ mit Blick auf die neuen Informationstechnologien die Revolution der „Denkzeuge" gegenüberstellte, können in einer ökologisch basierten Umweltforschung nur mit Erfolg angewendet werden, wenn das jeweilige Forschungsobjekt, das, als System betrachtet, nach seinem Strukturverhalten (Prozeßmechanismus und Entwicklungstendenzen) charakterisiert wird, unter dem Gesichtspunkt einer weltanschaulich fest begründeten Theorie, d.h. unter dem Aspekt philosophischer Weltanschauung behandelt wird.

Der „ökologische Grundwiderspruch", von dem Herr HÖRZ sprach, wird, wie er formulierte, nur durch die „dialektische Negation der Negation" des Mensch-Natur-Verhältnisses möglich, durch eine „neue Mensch-Natur-Union im Sozialismus und Kommunismus weil Natur dann nicht mehr Profitquelle ist, sondern selbst human gestaltet wird". Hier wird unter philosophischem Gesichtspunkt deutlich, was die Klasse Umweltschutz und Umweltgestaltung bei der Behandlung verschiedener anderer Problem-Komplexe als wesentliche Erkenntnis herausarbeitete, nämlich daß Gesetzmäßigkeiten im Ablauf von Prozessen in dem großen Wechselspiel zwischen Natur und Gesellschaft sich meist nur als Tendenzen und Möglichkeiten, nicht als Zwangsläufigkeiten enthüllen. Die Widersprüchlichkeit und Gegenläufigkeit verschiedener „Gesetzmäßigkeiten" im Umweltkomplex kann nur dialektisch erfaßt werden.

Herr HÖRZ läßt nicht zu, daß das philosophische Überdenken dem Konkreten enthoben wird. Bei aller notwendigen Abstraktion – sowohl in den Natur- und Gesellschaftswissenschaften wie in der Philosophie im besonderen wird der Blick auf die Wirklichkeit in dem von HÖRZ analysierten Verhältnis zwischen Philosophie und Wirklichkeit niemals verstellt. Mit generalisierenden Begriffen ist nichts getan. HÖRZ sagt: „Ökologische Forschung kann gegenwärtigen Anforderungen nur gerecht werden, wenn sie das neue Verhältnis des Menschen zu seiner Umwelt berücksichtigt. Es geht nicht zuletzt darum, die Verantwortung für eine humane, mit den Prinzipien der optimalen Wirtschaftsentwicklung in Einklang stehende Kulturlandschaftsentwicklung in die philosophische Weltanschauung zu integrieren.

Zum Schluß meiner Bemerkungen zum Vortrag von Herrn HÖRZ sei es gestattet, auf einen formalen Vorzug hinzuweisen, der vom Inhalt der Aussagen nicht zu trennen ist. Ich meine – nicht nur, was Herr HÖRZ sagte, – sondern wie er es sagte, verdient dankbar vermerkt zu werden. Seine Ausführungen bewegten sich – ob er die Position des Philosophen oder des Naturwissenschaftlers vertrat – mit begrifflicher Präzision und in geschliffener Stilistik auf der gleichen hohen Sprach- und Denkebene. Schon vor Beginn der lebhaften, sehr förderlich verlaufenen Diskussion waren die Mitglieder der Klasse gleichsam im Gespräch mit ihm: es schien, als bildeten sich die Gedanken des Vortragenden im Dialog. Bei jedem philosophischen Ansatz zu ökologisch bestimmten Sachlagen wurde deutlich, daß Herr HÖRZ in skizzenhafter Weise das Umfeld auszuleuchten verstand, das durch den jeweiligen natur- und gesellschaftswissenschaftlich bestimmten Befund einer Sachlage gegeben ist. Als naturwissenschaftlich konsolidierter Philosoph ging Herr HÖRZ an die vielschichtigen Umweltprobleme heran, beobachtete sie, nahm sorgfältig Bezug auf das, was der Physiker, Chemiker, der Biologe, Geograph wie andere Natur- und Gesellschaftswissenschaftler zu sagen haben, um dann, zugleich als ein Meister der Rede, das komplexe Beziehungsgeflecht, in das der Mensch und seine Umwelt gestellt ist, in die philosophische Sicht zu stellen, – und das heißt nichts Geringeres als helfend Orientierungen auf Entscheidungen und auf die Praxis zu geben.

Mit dem Vortrag von Herrn HÖRZ und den angeschlossenen, theoretische und praktische Lösungen fördernden Diskussionen beendete die Klasse ihre Tätigkeit als ein Akademie-Gremium, das dem Engagement jedes Mitgliedes viel verdankt. Die Ergebnisse der Arbeit der Klasse sind nicht mit der Elle zu messen. Sie sind aber nachweislich groß. Sie wurden insbesondere über die Sitzungsberichte nachhaltig wirksam. Herr Präsident SCHELER, der die Arbeit der Klasse ähnlich wie sein Vorgänger, Herr KLARE, mit großem Interesse verfolgte, hat die Initiative zu einer höchstmöglichen Steigerung der Effektivität der Umweltforschung in der Akademie ergriffen: die Kontinuität der Arbeit der bisherigen Umweltklasse wird auf breiterer Basis und in neuer organisatorischer Form gesichert werden. Der im Vorstehenden abgedruckte Vortrag, den Herr Präsident SCHELER im Anschluß an die Ausführungen von Herrn HÖRZ hielt, bezeugt erneut die enge Verbundenheit des Herrn Präsidenten zum Grundanliegen der Klasse. Der Dank an den Herrn Präsidenten sei mit dem Dank an die Akademiemitglieder und ständigen Mitarbeiter sowie an den unermüdlich tätigen wissenschaftlichen Sekretär der Klasse, Herrn Dipl.-Ing. ARTUR DRESCHER verbunden, die sich sämtlich ohne das geringste Zeichen eines Absinkens ihres energischen Einsatzes während der 13jährigen Tätigkeit der Klasse für die Lösung der vielschichtigen Umweltprobleme mit ihrer wissenschaftlichen Kompetenz einsetzten. Allen voran nenne ich das bedeutende Mitglied unserer Akademie, KURT SCHWABE, das bis zu seinem Tode im Jahre 1983 selten eine Sitzung versäumte, ich nenne stellvertretend für andere Akademiemitglieder den uns durch sein frühes Ableben im Jahre 1984 entrissenen ERNST AUGUST LAUTER, ich nenne den um die Arbeit der Klasse besonders verdienten, stellvertretenden Vorsitzenden Herrn LOHS, der als Mitglied des SIPRI zugleich großen Einfluß auf die internationale Umweltforschung nimmt. Ich nenne die Ordentlichen Mitglieder W. BÖHME, der als Vorsitzender der Klasse Geo- und Kosmoswissenschaften engen Kontakt mit der „Umweltklasse“ hielt, sowie die OM R. LAUTERBACH, H. MOTTEK, H. SANKE, A. WATZNAUER und die Korrespondierenden Mitglieder H. KAUTZLEBEN, W. MUNDT und A. ZIMM. Sehr wertvoll war die ausgezeichnete Mitarbeit der „Ständigen Mitarbeiter", an deren Spitze die Herren Professoren K. H. BERNHARDT, W. BUCHHEIM, E. EHWALD, H.-A. FREYE, G. HAASE, E. HEINISCH, H. LÜDEMANN und H. ROOS hervorzuheben sind.

Der Widerhall, den die Aktivitäten der Klasse in den verschiedensten Institutionen auch außerhalb der Akademie fanden, wird — dessen bin ich gewiß — nicht so bald verklingen — genausowenig wie die ungemein anregenden und grundlegenden Ausführungen von Herrn HÖRZ über das Verhältnis von Philosophie und Ökologie.

ISBN 3-05-500 013-7
ISSN 0138-3965

Kolibri 360 GmbH
Ferdinand-Jühlke-Straße 7
99095 Erfurt, Deutschland
produktsicherheit@kolibri360.de